机器人，你好！
机器人真会玩儿！

［美］杰夫·德拉罗沙　著

黎雅途　译

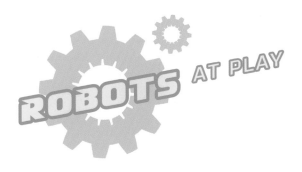

ROBOTS AT PLAY

WORLD BOOK

中国出版集团
世界图书出版公司

机密档案 V

机器人可是多才多艺的——

它们会投篮，会打乒乓球，还会踢足球呢，

它们会弹钢琴，会奏乐，还会作曲呢，

最重要的是，它们可以陪你一起玩，当你的宠物，
还能陪你学习呢！

Robots: Robots at Play

目 录
Contents

术语表的词汇在正文中
首次出现时为黄色。

机器人
真会玩儿！

有的机器人在工厂里工作，帮助人们焊接、喷漆等；有的机器人在家里工作，给地毯吸尘，为草坪除草；还有的机器人做着又脏又累又危险的工作……可这样太没意思了，机器人也应该做一些有趣的事情。

我们以为机器人很呆板，只会做一些重复性的工作，其实有的机器人

传统的玩具机器人

在 20 世纪 50 年代，玩具机器人就风靡起来。传统的玩具机器人没有现代机器人的功能，却激发了工程师的想象力，给了他们无数灵感。

可好玩了。它们能打乒乓球、踢足球，还能演奏乐器！

　　这些机器人的设计灵感来源于哪里？它们还会哪些花式玩法，其实，设计这些机器人可不像想象中的那么好玩，是很有挑战性的。工程师克服了种种困难，才创造出这些好玩的机器人。

自动机

早在机器人出现之前，人们就对各种自动机十分好奇。最开始，自动机的发明只是为了休闲娱乐。那时的自动机就是一些机械人或机械动物，可以通过蒸汽、发条等获得动力，模仿各种动作。

艾尔·加扎利

这幅图画的是发明家艾尔·加扎利正在制作新的机械设备。

>>>

很多神话、传说和历史故事中都出现过自动机的身影。1206 年，发明家艾尔·加扎利出版的 *The Book of Knowledge of Ingenious Mechanical Devices*（意思是"精巧机械装置的知识"）一书中介绍了一些自动机，其中包括他发明的自动机——一个在一艘小船上自动演奏的乐队。

书中还介绍了另一个神奇的自动机——机械牧师。机械牧师可能是 16 世纪的一位西班牙钟表匠制造的，至今还能动。如果给机械牧师上发条，它会慢慢地踱步、张嘴、亲吻十字架，就像真的牧师在做祷告一样。

法国发明家雅克·德·沃康桑是历史上有名的自动机发明家。在 18 世纪，他发明了自动机"吹笛者"和自动机"鼓手"，但他最有名的发明还是 Digesting Duck（意思是"消化鸭"）。这只神奇的"鸭子"会拍打翅膀，会进食，还会排便。其实"消化鸭"不是真的能消化食物，而是体内"藏"了一个"隔间"，"隔间"里放置了人们提前放好的假排泄物。当"消化鸭"进食后触发机关，放好的假排泄物就会排出。

18 世纪，瑞士钟表匠皮埃尔·雅凯·德罗兹发明了三个神奇的自动机，分别是"音乐家""画家"和"笔者"。

"消化鸭"之父

除了"消化鸭"外，雅克·德·沃康桑发明了许多很有名的自动机。

18 世纪，德罗兹发明的三个自动机非常逼真，还能做出不同的反应，令人们深感惊讶。

"笔者"用手上的羽毛笔蘸一下墨水，可以写 40 多个字母。

自动机让那个时代的人们激动不已。但与现代机器人比起来，自动机就没那么聪明，缺少了机器人很重要的特性：自动化。自动化是机械化的更高程度，指的是在无人操作或辅助的情况下，一个机器可以自主行动和做出反应的能力。

做运动的机器人

用于娱乐的机器人可不止自动机，很多现代机器人可以陪人们做运动。现在，机器人已经参与到各项运动中，有的机器人挥舞着球拍，有的机器人在投篮，还有的机器人正在射门！

不过，在体育竞赛中看到机器人运动员还得一段时间。虽然机器人能更好地完成一些动作，但它们不具备完成一项运动的所有能力。

日本丰田公司工程师制造了投篮机器人 CUE。CUE 能像人类那样，一个接一个地投篮，而且命中率几乎是百分之百。但在短时间内，CUE 不可能成为职业篮球运动员，因为它不擅长走位，必须靠人推着才能移动。

投篮高手却不能走位

CUE 是位投篮高手，但是它不能真的打篮球，因为它不能自己动起来，只能像雕像一样待在原地。

>>>>

机器人
面临的挑战：
能不能参与
到运动中

如果机器人不能和人们一起打真正的比赛，那为什么还要制造它们呢？对机器人工程师来说，这是一个机会。在制造擅长运动的机器人的过程中，工程师可以掌握改进机器人的技术。

体育运动非常复杂，它要求机器人有快速行动和反应的能力。如果机器人要接住别人传来的球，它不仅要感知这个球的位置，还要感知球的运行状态，再赶过去把球接住，这一切都需要在瞬间完成。团体运动的难度就更高了，足球需要几个机器人互相配合。

体育运动又很简单。体育运动是有规律的，机器人的计算机"大脑"非常擅长处理有规律的问题。人行道上会发生各种各样的事情，毫无规律，这些事情会让机器人摸不着"头脑"。相比人行道上发生的事情，机器人在足球场上面对的挑战十分有限。

"下次我一定要赢！"

现在，人类在体育比赛中占了上风，但是像 TOPIO 这样的机器人运动员未来可能会打败人类运动员。

>>>>

Forpheus 和 TOPIO，谁更胜一筹呢？

乒乓球是一项有挑战性的运动，它需要运动员有闪电般的速度。乒乓球又是一项相当简单的运动——它只需要一颗球、两个球拍和一个乒乓球桌，而且乒乓球桌较小，机器人不用走来走去，所以机器人适合参加乒乓球比赛。

机器人 Forpheus 由日本欧姆龙公司制造，它的目标可是成为职业乒乓球运动员。Forpheus 看起来像一只大型的机械蜘蛛，用三只脚站在球桌边，机械手臂从身体上垂下来握着球拍。Forpheus 安装了两个追踪乒乓球的视觉传感器，还安装了一个追踪人类对手的摄像机。

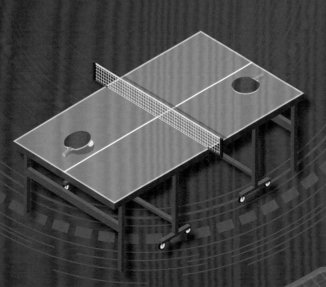

Forpheus 是个会打乒乓球的机器人，看起来像机械蜘蛛。Forpheus 可以向球桌各个落点发球，与人类对打。

>>>>

你想与长得像人类的机器人比赛，是吗？由越南 Tosy 公司制造的人形机器人 TOPIO 可以与你对战。TOPIO 的外形和打球动作都很像人类运动员，更重要的是 TOPIO 拥有一项叫作机器学习的能力，可以不断改进自己的球技。

在外形方面，TOPIO 则更胜一筹；但是 TOPIO 在技术方面不是特别稳定，有时候会接不到球。所以，Forpheus 在技术方面又扳回一局。

<<<<

机器人相扑

20世纪90年代末，人们喜欢有肢体接触的运动，所以机器人格斗比赛吸引了大量观众。但是，当时的机器人自动化水平很低，只装了锤子、锯或其他武器，这些机器人仅仅是被人类操纵的傀儡。

机器人相扑是一项受日本相扑运动启发的机器人运动。在机器人相扑比赛中，机器人完完全全地摆脱了人类的控制。在人类相扑比赛中，比赛的双方面对面站在一个圈里面，只需把对方推到圈外就可赢得比赛。机器人相扑比赛的参赛者是四四方方、装着轮子的机器人，它们用自己的铲子争相把对方推出圈外。

最简单的相扑机器人只是在圈子里随意地走动，看谁先把对手推出圈外。复杂一些的相扑机器人会安装高级的传感器，监测对手的一举一动，寻找机会赢得比赛。

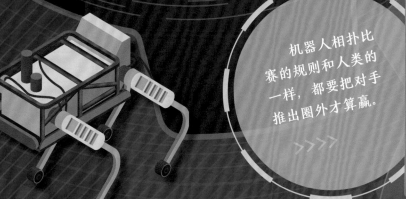

机器人相扑比赛的规则和人类的一样，都要把对手推出圈外才算赢。

>>>>

机器人世界杯

最著名的机器人运动比赛要数机器人世界杯了。机器人世界杯起源于 1997 年，是一年一度的机器人足球锦标赛。别看是机器人在场上比赛，但真正在较量的是机器人工程师。来自世界各地的团队都加入了这场激烈的比赛，看看哪个团队的机器人跑得更快、踢得更好、射门更准。

足球机器人

在比赛中，这些装有轮子的机器人组成团队，相互配合，想要把对方打败。

机器人世界杯听起来像是一个有趣的游戏，其实它的组织者有一个伟大的目标——到 2050 年，机器人足球队能够打败人类的世界杯冠军队。

机器人世界杯的比赛分成不同的级别：有轻量级的，参赛机器人是带轮子的小个子，还没有垃圾桶大，球和球门也很小；有重量级的，参赛机器人是带轮子的大块头，球更像传统的足球，机器人也需要远距离射门……

∧∧

机器人会成为足球明星吗？

未来，机器人会成为足球明星吗？不过，它们现在连站都站不稳呢！

通常，带轮子的机器人适合踢球，人形机器人更能吸引观众的眼球。在小型组足球机器人比赛中，球员一般是 40 ～ 90 厘米高的机器人，4 个机器人为一队；在中型组足球机器人比赛中，机器人的尺寸就更大了，是两两组队；大型组足球机器人比赛的机器人是最大的，是一对一比赛，工程师会紧跟其后，如果机器人失去平衡，工程师要眼疾手快地扶住机器人，不让它们摔倒，这些机器人摔坏了可要花大价钱才能修好！

足球是一项非常复杂的运动，因为球员既要关注场上千变万化的局

面对守门员的防守，Nao 正准备起脚射门！

在机器人世界杯中，人形机器人吸引了大量观众，不过观众们不像看真正的足球比赛那么喧闹。

势，还要密切配合，一起努力打败对手。在机器人世界杯中，有一种比赛的参赛球员都是预制机器人。这样，工程师就可以集中精力编程，而不是绞尽脑汁地制造好看的机器人。

这个比赛一开始由 AIBO 机器狗参赛，2008 年开始使用人形机器人 Nao。在这个比赛中，工程师需要解决一个最简单的问题——如何让机器人球员不摔倒。

"你好，我叫

Nao！"

　　如果机器人世界杯要评选足球明星的话，那肯定是 Nao。2008 年，Nao 在机器人世界杯上首次亮相。Nao 能加入机器人足球队有两个原因：首先，Nao 是人形机器人，它的动作像人类，它在跑步、踢球、防守的同时还能保持平衡；其次，Nao 是一种预制机器人，可以通过编程设计动作。

自主性

高

Nao 可以自行活动，也可以被人遥控。

应用领域

Nao 被广泛应用，还被做成了治疗机器人，专门帮助那些有学习障碍的孩子。

特点

1.Nao 能听会说，通过 4 个麦克风定位声音。Nao 还有 2 个高清摄像机，用来识别不同的形状和人脸。

2.人形机器人要保持站立可是个大难题，Nao 有一套帮助它保持平衡的传感器组件。

制造商

Nao 由软银机器人公司制造。

身高

58 厘米。

赛骆驼

机器人技术还改变了一项出人意料的比赛项目——赛骆驼。在中东的一些地区，赛骆驼是一项特别受欢迎的休闲运动，通常由儿童骑在骆驼上比赛，但参加这项比赛的儿童经常受到虐待。为了解决这个问题，工程师制作了机器人骑师。2005 年，机器人骑师在卡塔尔举行了第一次正式的赛骆驼。

机器人骑师其实是一个放在骆驼背上的小装置，一般有两条"手

快跑！

机器人骑师正在骑着骆驼快速奔跑呢！

∨∨

机器人骑师的
装扮

　　机器人骑师也可
以像人类那样穿上各
种各样的骑师服，还
可以戴顶可爱的帽子。

<<<<

臂"，有些还安装了扬声器向骆驼发布口令。机器人骑师的"手臂"
是一节节的，它一手拿着鞭子，一手握着缰绳。这些机器人不能脱离
人类的控制而自己活动，所以在狂奔的骆驼旁边一直跟着一辆小车，
人类就坐在车上遥控着机器人骑师。

　　虽然机器人骑师不是很智能，但是它们
能够上场比赛。没准以后在拳击或足球这
些容易受伤的运动项目中，机器人会取
代人类呢！

机器人音乐家

有的机器人是为了运动创造的，有的机器人是为了音乐创造的……多年来，工程师创造了很多会演奏的机器人，这些机器人和雅克·德·沃康桑制造的"吹笛者"不同，可不是机械化的自动机。它们可以作曲，甚至还可以跟人类一起演奏。

1992 年，墨西哥普埃布拉自治大学的研究人员设计和制造了机器人 Don Cuco El Guapo——一个会弹钢琴的机器人。"El Guapo"是西班牙语，意思是英俊的男子。可能是出于幽默，Don Cuco El Guapo 的身体是透明的塑料，身体内部的机械结构被看得清清楚楚，长得一点儿也不像个帅哥。不过，Don Cuco El Guapo 真的会演奏，它的眼睛里装了摄像机，可以照到乐谱。

机器人 Haile 是一个木头机器人，诞生于 2006 年，是由美国佐治亚理工学院的研究人员制造的。Haile 会做一件很多机器人都做不了的事情——即兴伴奏。机器人 Haile 会通过一个麦克风来探测声音，然后加入演奏中，Haile 可以根据节奏、拍子、音量的变化来调整自己的演奏。

在事先毫无准备的情况下，Haile 可以根据主旋律，一边创作一边伴奏。

<<<

"你好，我叫

Shimon！"

说到演奏音乐，人类比机器人有很多优势，但是机器人 Shimon 也有人类所不具备的优势——四只手。看，Shimon 正在用四只手弹奏马林巴琴！"四手联弹"可不是 Shimon 唯一的撒手锏，它还会作曲呢！Shimon 已经学习了成千上万首曲子，有流行音乐、古典音乐、爵士乐……Shimon 可以在歌曲中找到共性，然后自己作曲。

自主性

高

Shimon 可以自己作曲，但是需要人类先启发。

技能

Shimon 可以作曲，也可以为人类即兴伴奏。

强大的学习能力

Shimon 学过五千多首完整的歌曲和两百万个音乐片段。

制造者

Shimon 由美国佐治亚理工学院的研究人员制造。

作曲风格

Shimon 的作曲风格混合了爵士乐和古典音乐。

玩具机器人

高科技的音乐机器人能让人眼前一亮，但不适合带回家。多年来，人们一直渴望有一些玩具机器人来陪自己娱乐。

20 世纪 50 年代，玩具机器人开始流行起来，那时候的孩子都很喜欢用金属和塑料制成的四四方方的机器人。机器人 Robert 是一款 20 世纪 50 年代很受欢迎的玩具机器人，高 36 厘米，可以通过遥控到处走。用现在的眼光看，Robert 只能说几句话，眼睛可以变亮，机械手可以抓握一些小物体，技能非常有限。

20 世纪 50 年代的玩具机器人没有自主性，并不像现在的机器人这样先进，但是这些玩具机器人仍然激发了孩子对机器人技术的兴趣。

Robert 可以说话，还可以通过有线手柄被控制，所以它在 20 世纪 50 年代非常受孩子们的欢迎。在 Robert 之后，还有其他成员加入玩具机器人家族，都很成功。

>>>>>

20 世纪 80 年代，《星球大战》引发了又一次的玩具机器人热潮。《星球大战》的主角是一些先进的人形机器人，有可爱的机器人 C-3PO 和机器人 R2-D2 等。

与 C-3PO、R2-D2 不一样，20 世纪 80 年代的玩具机器人仍然没有太多的自主性，但已经有了一些相当先进的功能了。玩具机器人 Maxx Steele 可以抓起并运送一些小物体，玩简单的电脑游戏，还可以哼几段小调。

20世纪80年代，《星球大战》中先进的机器人再次激发了人们对玩具机器人的兴趣。

>>>>

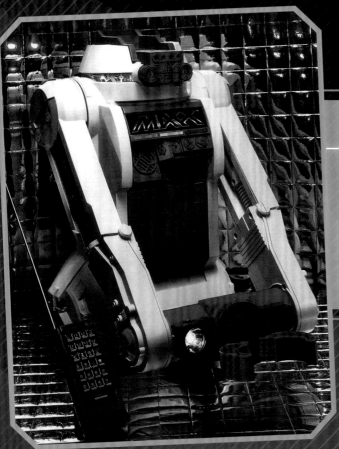

机器人 Maxx Plastic

Maxx Plastic 是 20 世纪 80 年代最热门的玩具机器人。Maxx Plastic 只会一些简单的技能，但与 Robert 相比已经有了很大的进步。

《《《《

21 世纪初期，技术的进步使玩具机器人越来越好玩。现在，用很便宜的价格就可以买到智能玩具机器人。这些智能玩具机器人能够保持平衡、感知周围的环境，还可以被应用程序控制。

"你好，我叫

Cozmo！"

　　你也在寻找一个小巧可爱的玩伴吗？那你一定要认识一下机器人 Cozmo！ Cozmo 看起来像一辆小叉车，可干不了体力活儿。Cozmo 那双看上去像叉车臂的"手"是用来玩游戏的，可以推、堆或翻积木。Cozmo 有一双灵动的"眼睛"，会发出可爱的唧唧声，还会模仿人类的感情——高兴或伤心。别看 Cozmo 身材娇小，却个性十足。如果你在游戏中赢了 Cozmo，它会皱起眉头，甩甩手，发个小脾气；如果 Cozmo 赢了，它会为自己跳个舞庆祝。

自主性

高

Cozmo 并不是一个喜欢自己待着的玩具机器人，如果很无聊的话，Cozmo 会主动喊你玩游戏。

外部大脑

Cozmo 会把资料传到手机上，由手机软件来进行复杂的"思考"。

反应设计者

Cozmo 的各种反应，是在动画大师卡洛斯·巴埃纳（电影《机器人总动员》的动画工程师）的帮助下设计出来的。

制造商

Cozmo 由美国机器人公司 Anki 制造。

宠物机器人

有的玩具机器人不仅有玩具的功能，还"长"得非常可爱，让人忍不住要抱一抱。

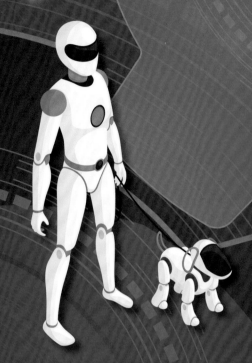

1998 年，美国的玩具制造商 Tiger Electronics 制造了宠物机器人 Furby，从此宠物机器人的热潮被掀起。Furby 的眼睛、嘴巴和耳朵都可以动，看上去像只毛茸茸的猫头鹰。Furby 可耐不住性子，总是咿咿呀呀地说着自成一派的语言——Furby

宠物机器人 Furby 自 1998 年面世以来，深受小朋友们的喜爱，家长却感到很头痛，因为 Furby 太闹腾了。

恐龙机器人 Pleo

恐龙机器人 Pleo 因长相逼真、动作流畅，让人们大吃一惊，当然它的价格也很昂贵。

语。慢慢地，Furby 通过听人们说英语，学会了越来越多的英语。其实，Furby 的学习能力并没有那么强。

在 21 世纪初，各式各样的宠物机器人相继面世。机器狗一路领先，远超机器猫、机器鸟、机器恐龙等宠物机器人，AIBO、Tekno、PooChi 大受欢迎。在宠物机器人中，既有非常简单的玩具，也有可以模仿真实宠物行为习惯的高级玩具，真是应有尽有。

"你好，我叫

AIBO！"

  21世纪初，机器狗家族的AIBO销量惊人。1999年至2006年，日本索尼公司推出了好几款AIBO，销量超过了十万多只。这只塑料小狗不仅长得可爱，还擅长学习，它能够像真的宠物小狗那样和主人互动：当你叫AIBO的名字时，AIBO会回应你；AIBO能听懂几十个指令，比如起来、坐下、不许动……AIBO还会跑来跑去。

自主性

高

AIBO 会做很多狗的动作。

足球明星

1999 年至 2008 年，AIBO 还组队参加了机器人世界杯四足足球赛。

名字的寓意

AIBO 是"人工智能机器人"的英文缩写，也是"小伙伴"的日语发音。

仿真度

有的 AIBO 被植入了特定的程序，它们可以自动忽略一些指令，就像真的小狗那样，偶尔会不听话。

更新

2018 年，索尼公司又推出新系列的 AIBO，它们的眼睛会发光，身体曲线更像真的小狗……AIBO 更加高级、先进了。

制造商

AIBO 由日本索尼公司制造。

机器人与人类的关系

　　玩具机器人和宠物机器人可以成为人类的好伙伴，但一些专家担心机器人在情感上太容易欺骗人类了。机器猫可以假装很喜欢人，在人身上蹭来蹭去，还会发出愉悦的声音，这仅仅是因为人类对机器猫进行了编程，与生物之间建立起来的情感纽带不同。研究表明，动物会对身边的人类产生很深的感情，机器人只是假装有这样的感情。

谁对孩子付出了感情？

　　孩子很难区分机器狗和真狗，所以很难区分谁对他们付出了感情。

>>>>

对机器人的爱

总有人喜欢像 AIBO 这样的机器狗。2018 年，日本的一家佛寺举行了一场葬礼，送别了 100 多个 AIBO 报废品。

<<<<

孩子不太容易区分机器人和自己的关系。研究表明，3 ~ 4 岁的孩子不知道机器人都懂些什么；6 ~ 10 岁的孩子可能会认为机器人更聪明……孩子对机器人的认识，很容易影响他们对机器人的判断。

也有专家认为，孩子可以试着跟机器人建立情感联系。这些专家认为这就像拥有一个想象中的朋友，是童年的一部分。成人可以跟孩子沟通，帮助孩子认识机器人会做什么和不会做什么。

教育机器人

与机器人一起玩，不一定是没有思考的纯娱乐，还可以让孩子学习技能、提升解决问题的能力等。实际上，很多机器人的设计初衷都是教育。

很多机器人可以帮助孩子学习简单的编程。孩子可以给机器人创建一组指令，通过应用程序（又叫APP）输入指令，机器人就会遵从指令行事。在这个过程中，孩子可以了解到指令是

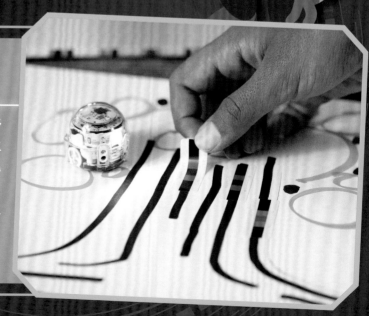

翩翩起舞的
巡线机器人

机器人 Evo 能够沿着设计好的路线做一些简单的活动，比如在通过某种颜色的线条时，Evo 会转过身或原地转圈。

>>>>>

如何通过编程语言实现和改进的……在这种互动中，孩子就学习了编程。

机器人 Sphero 和机器人 Evo 是非常简单的机器人，但也可以帮助孩子学习编程。Sphero 看起来像一颗塑料球，它的部件都在球内。Evo 更像一顶带着轮子的圆顶帐篷，可以滚来滚去。这两个机器人都可以通过智能手机或平板电脑来编程，做出滚动、转身、亮灯等动作。

教育机器人 Cue 集合了很多先进玩具机器人共有的特点。虽然 Cue 只有一只"眼睛"，但它会说话、玩游戏，还有自己的个性。机器人 Cue 能教我们学编程，它有一个特殊的"冒险模式"，人们可以通过编程挑战 Cue 的各个游戏关卡。

人们还可以通过搭建自己的机器人来更好地学习机器人技术。编程教育机器人 Boe-bot 的工具箱里有各种小装备，人们可以从工具箱里选择机器人的夹爪、传感器等，亲手搭建自己的机器人。

和 Cue 一起度过
快乐的学习时光

Cue 有很多模式，和 Cue 一起玩，既能学到知识，又能娱乐。增加画画的功能后，你就可以让 Cue 在白板上画画了。

>>>>

乐高头脑风暴工具箱里有各种各样的乐高部件，孩子和成人都能搭建各式各样的机器人。

<<<<

最受欢迎的教育机器人是乐高头脑风暴。这款机器人的工具箱里既有传统的乐高部件，又有机器人的电动机、传感器等，这些工具能够让孩子搭建各种各样自己喜欢的机器人。人们还可以在机器人比赛中对抗呢！

术语表

视觉传感器：主要由一个或两个图形传感器组成，有时还会配光投射器和其他辅助设备。

机器人世界杯：起源于 1997 年，是一年一度的机器人足球锦标赛。

预制机器人：预先制造的，具有相同外形和功能的机器人。

编程：编定程序的中文简称，就是让计算机代码解决某个问题，对某个计算体系规定一定的运算方式，使计算体系按照该计算方式运行，并最终得到相应结果的过程。

治疗机器人：用于治疗人类身体或精神方面疾病的机器人。

麦克风：将声音信号转换为电信号的能量转换器件。

扬声器：又称"喇叭"，将电信号转换为声能，并将声音有效地在空气中辐射出去的电声器件。

应用程序：又叫app（英文"application"的缩写），是一种简单的计算机程序，通常通过智能手机或平板电脑运行。

指令：计算机中用来实现某种控制、操作或运算的一组代码。每一条指令都规定操作功能、操作对象和操作数地址等内容。

编程语言：计算机和人都能识别的语言，有很多种。

致谢

本书出版商由衷地感谢以下各方：

Cover © Kirill Makarov, Shutterstock

4-5 © Tinnaporn Sathapornnanont, Shutterstock; © Sony Corporation

6-7 © Omer Faruk Boyaci, Shutterstock; Smithsonian Institution

8-9 Portrait of Jacques de Vaucanson (1784), oil on canvas by Joseph Boze; Academy of Sciences/Institut de France (Paris); Public Domain

10-11 © Kazuhiro Nogi, Getty Images

12-13 © Jeremy Sutton-Hibbert, Alamy Images

14-15 © Kazuhiro Nogi, Getty Images; Humanrobo (licensed under CC BY-SA 3.0)

16-17 © Rodrigo Reyes Marin/AFLO/Alamy Images

18-19 © RoboCup Federation

20-21 Peter Schulz (licensed under CC BY-SA 4.0); © RoboCup Federation

22-23 © SoftBank Robotics

24-25 © Francois Nel, Getty Images; © Philip Lange, Shutterstock

27-29 © Georgia Institute of Technology

30-31 © Bettmann/Getty Images; © Jack Taylor, Getty Images

32-33 Public Domain; © CBS Toys

34-35 © Anki

36-37 © Matthew Fearn, PA Images/Getty Images; © Innvo Labs Corporation

38-39 © Sony Corporation

40-41 © Good Moments/Shutterstock; © Ned Snowman, Shutterstock

42-43 © Ozobot & Evollve; © Sphero

44-45 © Wonder Workshop, Inc; © Alesia Kan, Shutterstock

索引